BASIC
MAKE - UP
MASTER BOOK

베이직 메이크업 마스터 북

이선경 · 이정민

구민사

CONTENTS

사진출처 : 머스테브 www.mustaev.co.kr/ 비주얼 이미지 메이킹-이선경, 이홍림

CHAPTER

01

메이크업 이론

1 메이크업의 이해

① 메이크업(make-up)이란 17C 초 영국의 시인 라챠드 크라슈에 의해 여성의 매력을 높여주는 행위를 뜻하는 용어로 처음 사용되었다.

② 얼굴이나 신체의 결점을 수정하고 보완하여 장점을 돋보이게 하는 외적인 변화를 통해 정신적인 내면에 영향을 주는 예술이다.

③ 메이크업(make-up)의 사전적인 의미는 '제작하다', '보완하다'라는 뜻으로, 메이크업(make-up), 토일렛(Toilet), 드레싱(Dressing), 마뀌아쥬(Maquillage) 등의 다양한 용어로 사용되며 우리나라에서는 화장(化粧)으로 사용되고 있다.

④ 「한국화장문화사(韓國化粧文化史)」에서는 화장의 정도에 따라 용어를 구분하였다.

담장(淡粧)	본래 피부를 희고 깨끗하게 정리하는 기초화장 정도의 담백한 평상시 멋내기 화장
농장(濃粧)	담장의 상태보다는 짙은 정도로 색채를 표현한 평상 화장
염장(艶粧)	짙은 색채 화장으로 요염한 색태를 표현한 화장. 기생들의 화장
응장(凝粧)	• 농장(濃粧)보다 더욱 또렷하게 꾸민 화장 • 혼례 시 신부 화장과 같이 화려하게 꾸며진 화장 • 혼례 등의 의례를 할 때 하는 일종의 의식용 화장
야용(冶容)	'억지로 아름답게 꾸민다.'는 분장(扮裝)의 의미의 화장

2 메이크업의 목적

본능적인 목적	• 인간의 정신적·육체적 본능이 화장으로 표현된 것 • 개인 또는 종족 보존의 본능적인 목적에서 성적 매력을 표현
실용적인 목적	• 같은 종족임을 표시 • 종족을 보호하고 방어하기 위해 색채화장이나 유성안료를 사용
신앙적인 목적	종교적인 의식에서 행해지던 전통적인 생활방식이 메이크업으로 변천된 경우
표시적인 목적	종족, 신분, 성별, 연령, 결혼 유무 등을 표시하던 것이 화장으로 발전된 경우

❸ 메이크업의 조건

메이크업을 통해서 연출하고자 하는 이미지를 효과적으로 표현하기 위해서는 다음의 조건을 갖추어야 한다.

① **일괄성(Consistency)** : 전체적으로 일괄된 이미지와 통일감을 고려
② **조화성(Balance)** : T(Time).P(Place).O(Occasion) 등에 맞추어 코디, 헤어 등의 전체적인 이미지의 조화로움을 고려
③ **대비성(Contrast)** : 색상, 명도, 채도를 이용하여 색채의 대비효과를 고려
④ **변화성(Change)** : 얼굴의 윤곽 수정이나 아이라인, 눈썹, 입술선 등의 점, 선, 면 변화를 고려
⑤ **대칭성(Symmetry)** : 얼굴형, 눈썹, 아이섀도, 입술 등의 좌우 대칭을 고려
⑥ **그러데이션(Gradation)** : 색이 뭉치지 않도록 자연스럽게 색을 펴줌

❹ 메이크업의 기원

① **장식설** : 인간 심리의 욕구와 미적 본능의 장식적인 수단에서부터 메이크업이 시작되었다는 주장
② **이성유인설** : 이성에게 매력적이고 아름답게 보이기 위해서 신체를 장식하였다는 주장
③ **보호설** : 자신을 어떤 위협으로부터 보호하기 위해서 위장하거나 위복을 했던 치장이 미화 수단으로 발전되었다는 주장
　예 곤충으로부터 피부를 보호하기 위해 향료 사용
　태양빛으로부터 눈을 보호하기 위한 고대 이집트 여인들의 짙은 눈 화장
④ **종교설** : 주술적, 종교적 욕구로서 특정한 형태의 의복이나 신체를 장식하여 잡귀나 악마를 물리쳐 자신과 부족의 심리적 보호와 욕구를 충족시켰다는 주장
⑤ **신분표시설** : 지위나 계급, 성별, 결혼 여부 등의 사회적 지위나 소속 집단을 표시하기 위해서 시작되었다는 주장

⑤ 메이크업과 조명

빛이나 조명에 의해 메이크업의 색상, 질감, 형태 등이 다양하게 표현될 수 있으므로 빛과 조명에 대한 충분한 이해가 필요하다. 자연조명은 전체적인 분위기를 연출하는데 흔히 사용되며, 인공조명은 상황에 따른 연출효과를 내는데 사용된다.

(1) 자연조명

① 자연광선은 메이크업 본래 연출 색이 충분히 표현되나 계절이나 날씨, 시간대에 따라 밝기가 다르다.
② 자연조명은 경제적이고 광량이 풍부하나 시간, 날씨, 계절에 따라 광명이 변하여 조절이 불가능하다는 단점이 있다. 효과적으로 메이크업을 표현하기 위해서는 작업별로 빛의 강도를 고려할뿐만 아니라 명암의 대비, 광선의 방향 및 색 등을 각각 그 목적에 따라 알맞게 하여야 한다.

(2) 인공조명

① 인공조명은 메이크업의 색상을 다양하게 변화시킨다.
② 백열등은 차가운 색의 색감은 경감시키고 따뜻한 색의 색감은 더욱 강하게 표현한다.
③ 형광등 조명의 색감은 약간 푸른빛을 띤다. 푸른색의 경우 보랏빛으로 보이고 회색은 본래 색보다 더 진하게 표현된다.
④ 인공조명의 세팅
- 메인라이트(Main light) : 피사체의 주광원, 인물의 좌 또는 우 45의 각도로 설치한다.
- 필라이트(Fill Light) : 주광으로 생긴 그림자나 콘트라스트 범위를 줄이기 위해 보충하는 조명, 메인라이트 반대 위치에서 인물의 좌 또는 우 45도로 설치한다.
- 백라이트(Back Light) : 인물 뒤에서 후광을 만들어준다. 인물 뒤쪽 45도 각도의 높은 곳에 설치해 인물의 머리와 어깨에 후광 효과와 더불어 배경과 인물의 구분을 만들어준다.

CHAPTER

02

베이스 메이크업(base make-up)

❶ 얼굴 균형도

① 가로분할(얼굴 폭) : 눈 하나의 길이를 기준으로 5등분

② 세로분할(얼굴 길이) : 헤어라인~눈썹 머리 시작점, 눈썹 앞머리~코끝선, 코끝선~턱 끝선

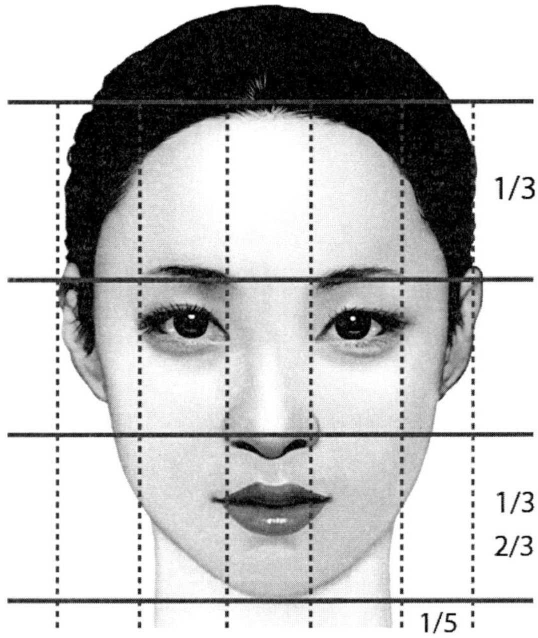

❷ 메이크업 베이스(make-up base)

(1) 기능

① 피부 전체 톤을 균일하게 맞추어 주며, 컬러 메이크업 베이스는 피부색을 보완한다.

② 피부 건조를 방지하고 파운데이션의 밀착력, 발림성, 지속력을 상승시킨다.

③ 피부보호 효과가 있다.

(2) 종류

① **리퀴드/로션 타입** : 수분 함유량이 높아 가볍게 모든 피부 타입에 사용 가능하다.
② **크림 타입** : 리퀴드 타입보다 커버력이 강하며, 유분이 많이 함유되어 있어 건조한 피부에 적합하다.
③ **프라이머** : 글리세린과 실리콘을 포함한 베이스로, 기초화장 후 메이크업 전에 바름으로써 모공과 요철을 채워 매끄러운 피부막을 형성하고, 광택이 도는 피부 톤을 만들어 준다. 피지를 흡착해 메이크업의 지속력을 높여준다. 매끄럽고 자연스러운 발림을 위해 한 번에 많은 양을 바르기보다는 모공이 넓은 부위를 중심으로 여러 번 덧발라 주는 것이 좋다.

(3) 컬러별 효과

① 녹색 : 붉은 피부, 모세혈관이 확장된 붉은 부분, 기미, 여드름 등 잡티가 많은 피부
② 블루 : 기미, 주근깨, 잡티가 많은 피부
③ 흰색 : 피부색이 어둡고 칙칙한 느낌이 드는 피부를 밝고 투명하게 표현하고자 할 때 사용
④ 핑크 : 혈색이 없는 창백한 피부
⑤ 보라 : 피부의 노란기를 제거할 때 사용
⑥ 오렌지 : 태닝 피부에 적합하며, 어두운 피부톤 연출에 적합

❸ 파운데이션(foundation)

(1) 기능

① 피부색을 일정하게 조절하고 잡티를 커버한다.
② 자외선, 먼지 등의 외부 자극으로부터 피부를 보호한다.
③ 얼굴의 윤곽을 수정하고 입체감을 준다.

(2) 종류

① **BB크림(블레미시 밤)** : 원래는 피부과 치료 후 피부 재생 및 보호 목적으로 주로 사용하는 제품으로, 건조한 피부에 적합하며 소량의 컬러가 함유되어 있어 투명하고 가볍게 잡티를 가려주고 피부 톤을 정리해준다.
② **리퀴드 타입** : 수분 함유량이 많아 촉촉하고 자연스러운 피부표현이 가능하다.
③ **크림 타입** : 수분 함유량보다는 유분 함유량이 많아 건성피부에 적합하며, 커버력이 우수하다.
④ **스틱 타입** : 유수분을 혼합시켜 고체화시킨 것으로 다른 타입에 비해 커버력이 우수하다.
⑤ **팬케이크 타입** : 물이나 유연화장수와 혼합하여 사용한다. 방수성과 내수성이 우수하고 지속력이 뛰어나 스테이지 메이크업에 적합하다.

(3) 파운데이션 바르는 기법

라이닝 기법(Lining)	낮은 콧대를 높이기 등과 같이 얼굴의 윤곽 수정을 위해 선을 긋는 기법이다.
패딩 기법(Patting)	가볍게 두드리는 기법 파운데이션의 밀착력을 높여 잡티 커버에도 효과적이다.
슬라이딩 기법(Sliding)	문지르듯 펴 바르는 기법 얼굴의 굴곡진 부위에 적합한 기법이다.
블랜딩 기법(Blending)	윤곽 수정과 같이 여러 컬러의 파운데이션을 사용하는 경우, 경계가 생기지 않도록 연결시키는 기법이다.

❹ 윤곽 수정

얼굴에 섀딩과 하이라이트를 이용한 명암법을 통하여 입체감을 부여한다.

(1) 하이라이트(Highlight) : 피부색보다 밝은 컬러를 사용하여 확장·진출의 착시효과

- T존 : 이마와 콧대를 연결하는 부위
- U존 : 양쪽 광대뼈의 얼굴 중앙과 턱선을 잇는 부위

(2) 섀딩(Shading) : 피부색보다 어두운 컬러를 사용하여 수축·후퇴의 착시효과

광대뼈 아래를 감싸는 부위와 이마의 헤어라인, 콧대를 세워주는 노즈 섀딩 부위

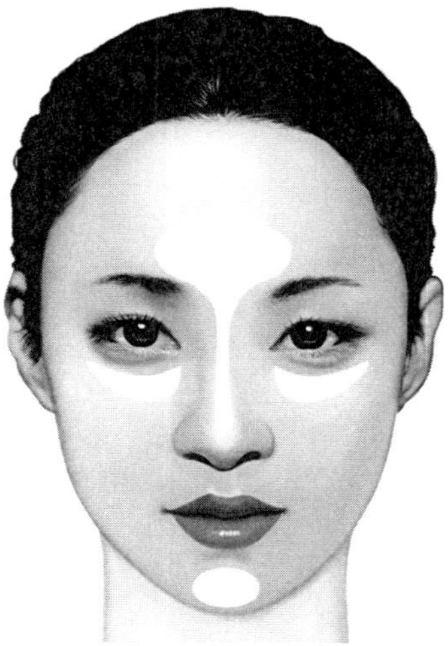
하이라이트

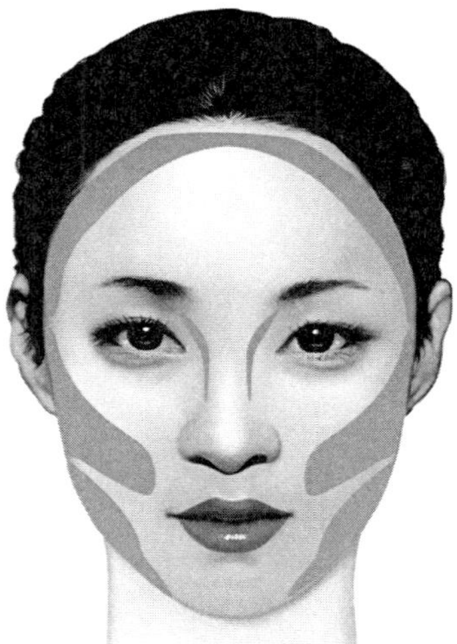
섀딩

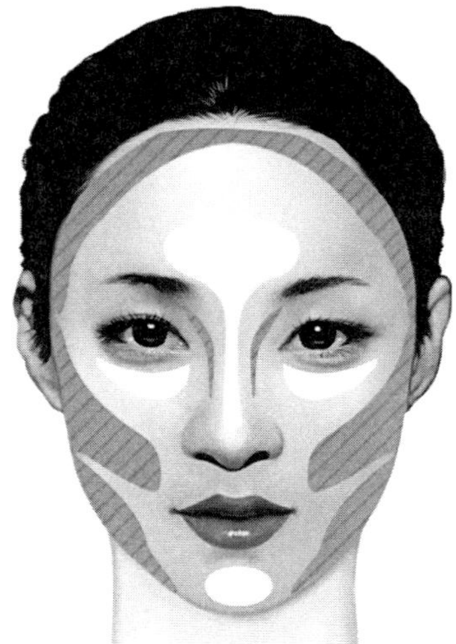
하이라이트 + 섀딩

(3) 얼굴형별 윤곽 수정

둥근형

- 얼굴의 폭과 길이가 유사함
- 귀엽고 어려보이는 이미지
- 가로보다는 세로를 강조하는 입체감을 부여

- H : T존, U존을 아래로 길게 표현
- S : 광대뼈 아래의 섀딩을 길게 사선 처리. 노즈섀딩 길게 처리

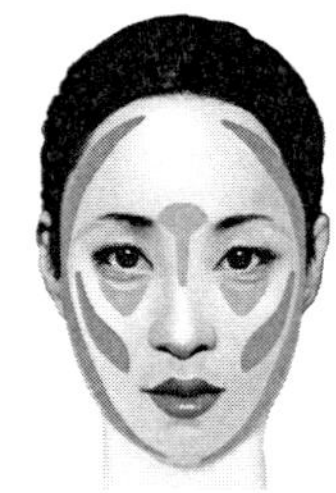

각진형

- 전체적으로 얼굴의 상안과 하안의 넓이가 유사하거나 하안이 조금 더 넓으면서 각이 있는 얼굴형
- 남성적, 고급스러운, 신뢰감을 주는 이미지
- 하안의 턱선을 완화시켜 줌
- H : T존, U존을 세로로 조금 길게 표현
- S : 턱선, 헤어라인 이마 양끝 부분, 볼 뼈 아래의 섀딩 부분은 두껍고 둥글게 처리

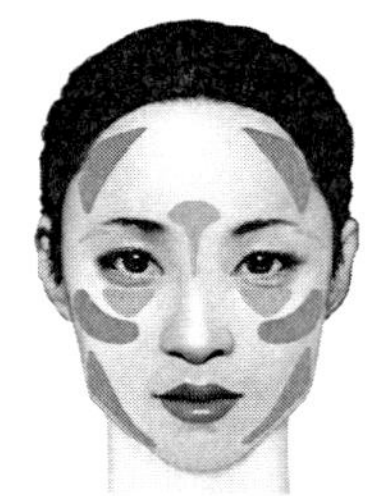

역삼각형

- 이마 양쪽 폭이 넓고 뾰족한 턱선
- 도시적인, 세련된, 다소 신경질적인 이미지

- H : T존, 눈 밑에 가로선으로 하이라이트 처리
- S : 이마 양쪽, 볼 뼈 위로 둥글게 섀딩 처리

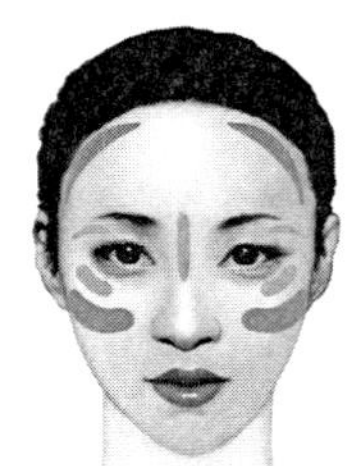

긴형

- 얼굴 길이에 비해 폭이 좁고, 턱선이 긴 형태
- 고전적인, 성숙한, 소극적인 이미지
- 전체적으로 가로방향의 느낌을 최대한 살림

- H : T존, 눈 밑에 수평으로 하이라이트 처리
- S : 볼 뼈 아래 수평적인 느낌을 살려 섀딩 처리

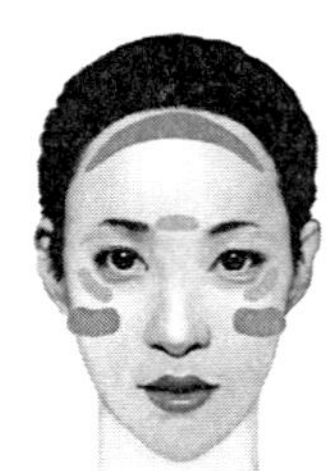

마름모형

- 이마와 턱 부분의 폭이 좁고, 광대뼈가 발달한 얼굴형
- 신경질적, 날카로운, 지적인 이미지
- 상안과 하안이 넓어 보이도록, 광대뼈는 부드럽게 연출

- H : 눈 밑의 하이라이트는 세로 느낌으로 처리
- S : 볼 뼈 아래는 가로, 이마 헤어라인 섀딩 처리

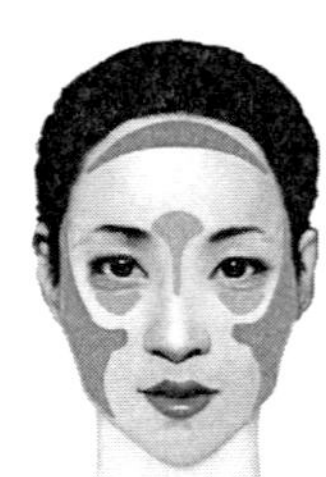

❺ 파우더(powder)

(1) 기능

① 파운데이션을 고정시켜주고, 지속력을 높여준다.
② 피부 톤을 한층 더 교정해주고 피부색을 다듬어준다.
③ 유분기를 제거한다.

(2) 종류

① **가루파우더(루스 파우더 Loose powder)** : 가루 형태, 색상이 다양, 입자가 고와 자연스러운 피부 표현 가능
② **압축파우더(프레스트 파우더 Pressed powder)** : 가루파우더를 압축한 형태로 휴대가 간편, 루스 파우더에 비해 색상 표현력과 커버력이 우수하다.

❻ 블러셔(blusher)

(1) 기능

① 얼굴에 혈색을 부여
② 얼굴에 음영을 주어 결점을 보완

(2) 종류

① **리퀴드 타입** : 모든 피부에 적합하다. 표현하고자 하는 이미지에 따라 파운데이션, 파우더 사용 전후 단계에 사용 가능하다.
② **케이크 타입** : 분말 형태의 안료를 압축한 파우더 형태로 브러시를 이용하여 자연스럽고 손쉽게 사용할 수 있다.
③ **크림 타입** : 파우더 사용 전 단계에 사용. 케이크 타입에 비해 지속력이 강하다.

(3) 블러셔 이미지

눈동자보다 중앙으로 들어오지 않고 코끝보다 아래로 내려오지 않는다.

귀여운 이미지	밝은 핑크나 피치 컬러를 사용하여 볼 중앙에 둥근 느낌으로 발라준다.
여성스러운 이미지	로즈골드, 핑크, 오렌지 등의 컬러를 사용하여 볼 뼈를 중심으로 관자놀이 쪽으로 부드럽게 곡선으로 발라준다.
세련되고 지적인 이미지	브라운 컬러, 딥브론즈 등의 컬러를 사용하여 볼 뼈 아래쪽에 길게 발라준다.

애플존(스마일존)에 표현

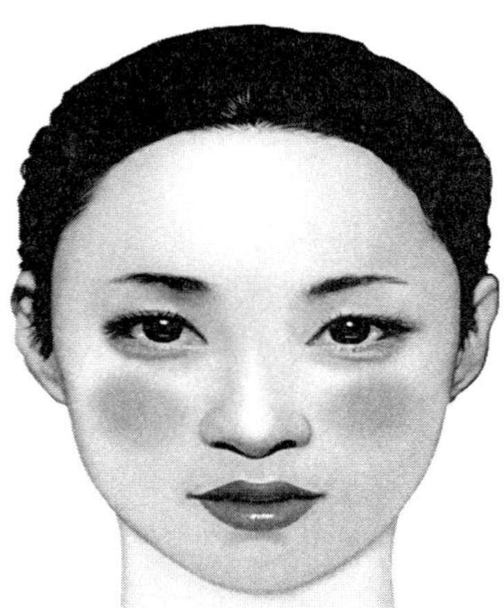

블러셔 중앙

전체적으로는 둥글게
볼 뼈에서 사선으로 펴 준다.

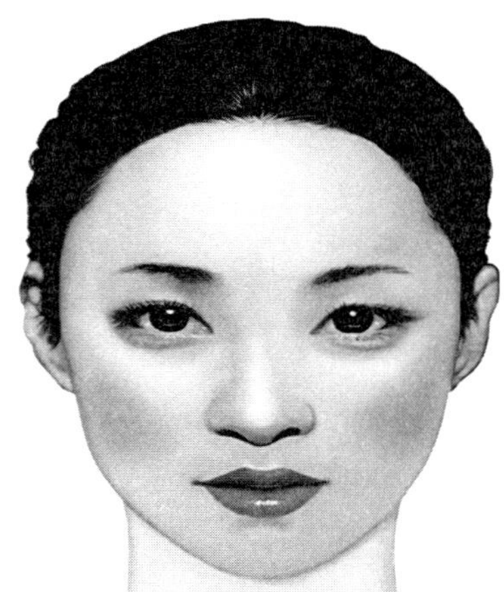

블러셔 사선

CHAPTER

03

포인트 메이크업(point make-up)

❶ 눈썹(아이브로우 eyebrow)

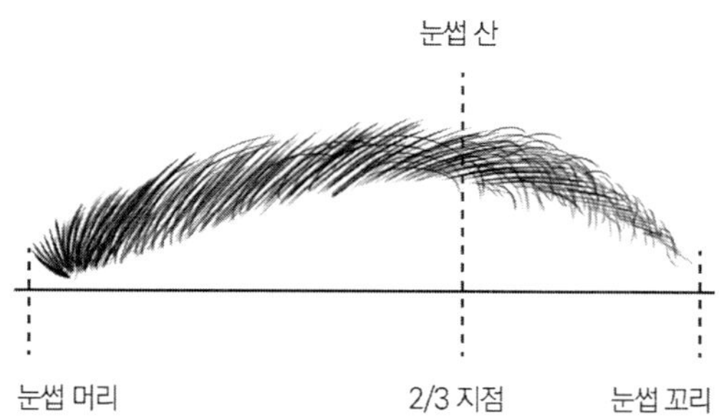

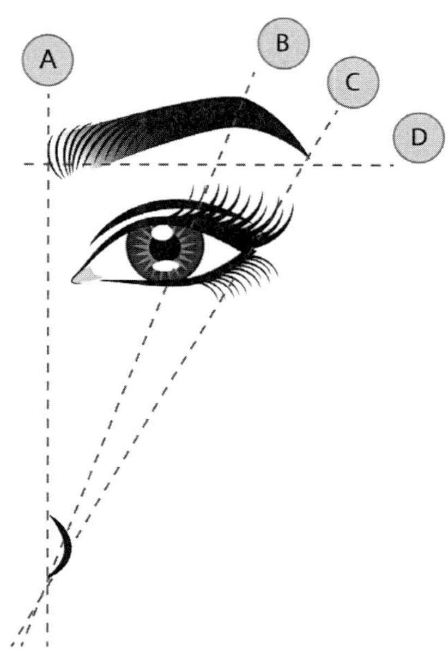

Ⓐ **눈썹 머리** : 콧방울에서 일직선상으로 올라간 선의 위치

Ⓑ **눈썹 산 :** 눈썹 전체 길이의 2/3 위치

Ⓒ **눈썹 꼬리 :** 콧방울 끝에서 눈 꼬리를 연결한 지점

(1) 눈썹의 모양 종류

표준형

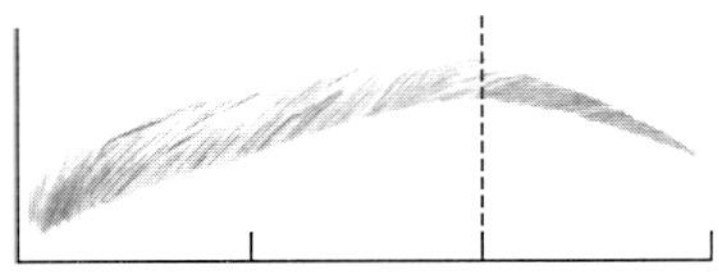

• 가장 무난한 형태로 모든 얼굴형에 어울린다.

아치형

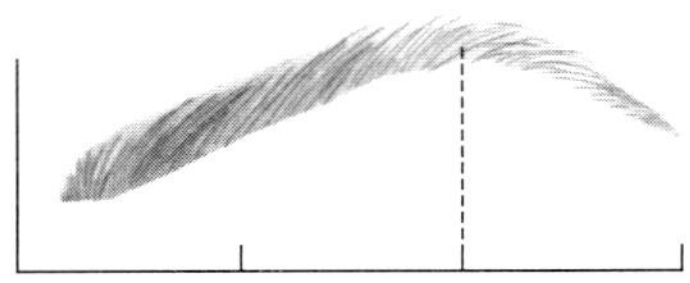

• 우아하고 여성스러운 이미지

• 이마가 넓은 얼굴이나, 각진 얼굴에 잘 어울린다.

각진형

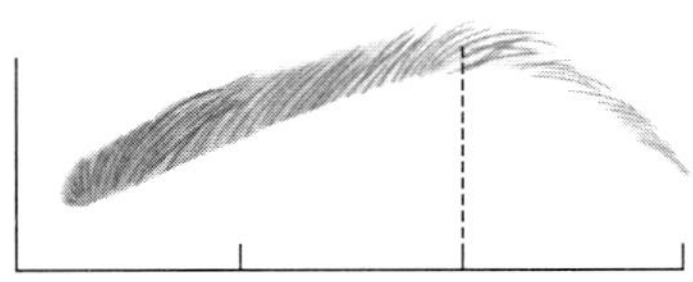

• 지적인, 세련된 이미지

• 둥근 얼굴형, 얼굴 길이가 짧은 사람에게 어울린다.

상승형

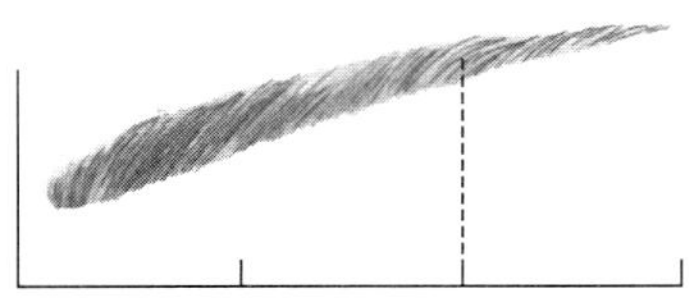

• 역동적, 개성적 이미지

• 둥근 얼굴형을 커버해 줄 수 있다.

일자형

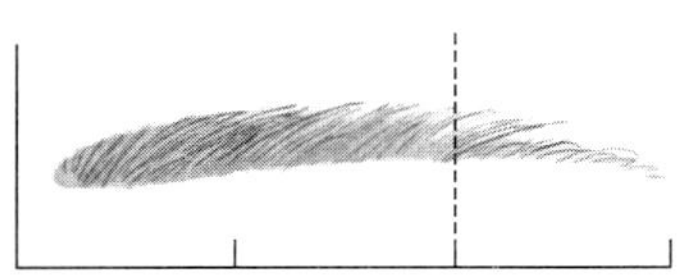

• 젊고 활동적인 남성적 이미지

• 긴 얼굴형이나 얼굴 폭이 좁은 경우 어울린다.

(2) 아이브로우 테크닉 실습

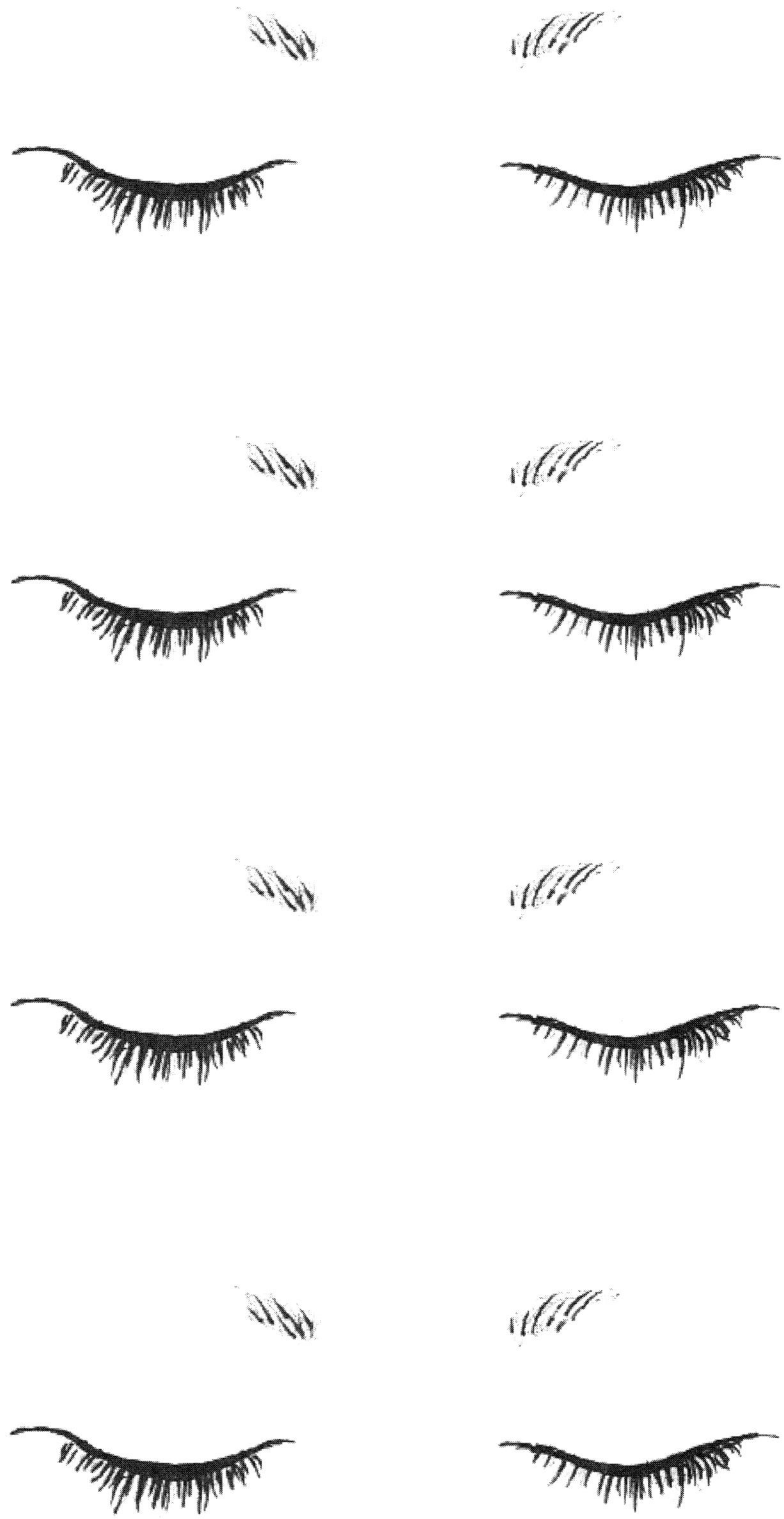

❷ 아이섀도(eyeshadow)

(1) 기능

① 눈매에 음영을 주어 눈을 아름답게 표현해준다.
② 컬러를 사용해서 입체감 있는 다양한 이미지를 표현해주고 눈매를 수정·보완해준다.

(2) 종류

① **케이크 타입** : 가장 일반적인 제품 형태로 색상이 다양하며 발색력이 좋고 그러데이션에 용이하나 지속력이 다소 떨어지는 단점이 있다.
② **크림 타입** : 사용감이 매끄럽고 발색 효과가 뛰어나다. 사용 후 아이섀도나 파우더로 고정해주면 지속력을 높일 수 있다.
③ **펜슬 타입** : 사용이 간편하며 포인트 메이크업 표현 시 용이하다.
④ **파우더 타입** : 펄이 함유되어 있으며, 다른 타입의 제품과 혼합하여 사용이 용이하다.

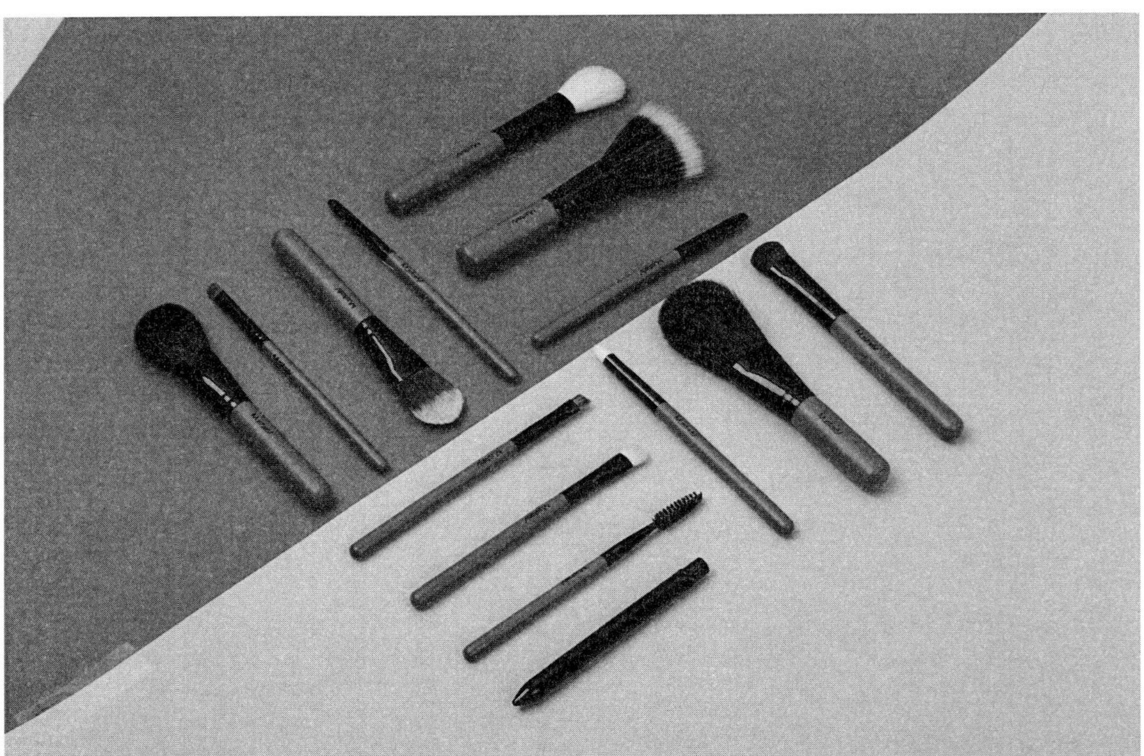

(3) 아이섀도 명칭

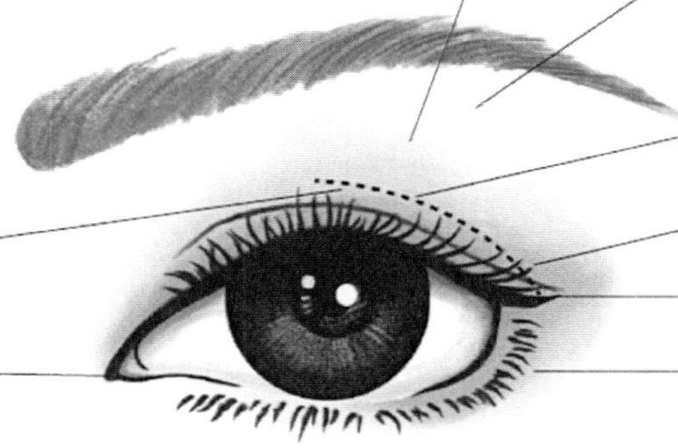

하이라이트 컬러	돌출되어 보이고자 하는 부위에 바르며 아이보리, 화이트 컬러 사용 적용 부위 :
베이스 컬러	아이섀도의 색감을 살리는 기본 컬러 적용 부위 :
메인 컬러	눈 화장의 분위기를 좌우하는 컬러 적용 부위 :
포인트 컬러	메인 컬러와의 조화를 고려 적용 부위에 따라 다양한 이미지 연출 가능 적용 부위 :
언더 컬러	메인 컬러나 포인트 컬러를 적용 적용 부위에 따라 다양한 이미지 연출 가능 적용 부위 :

(4) 아이섀도 테크닉 실습

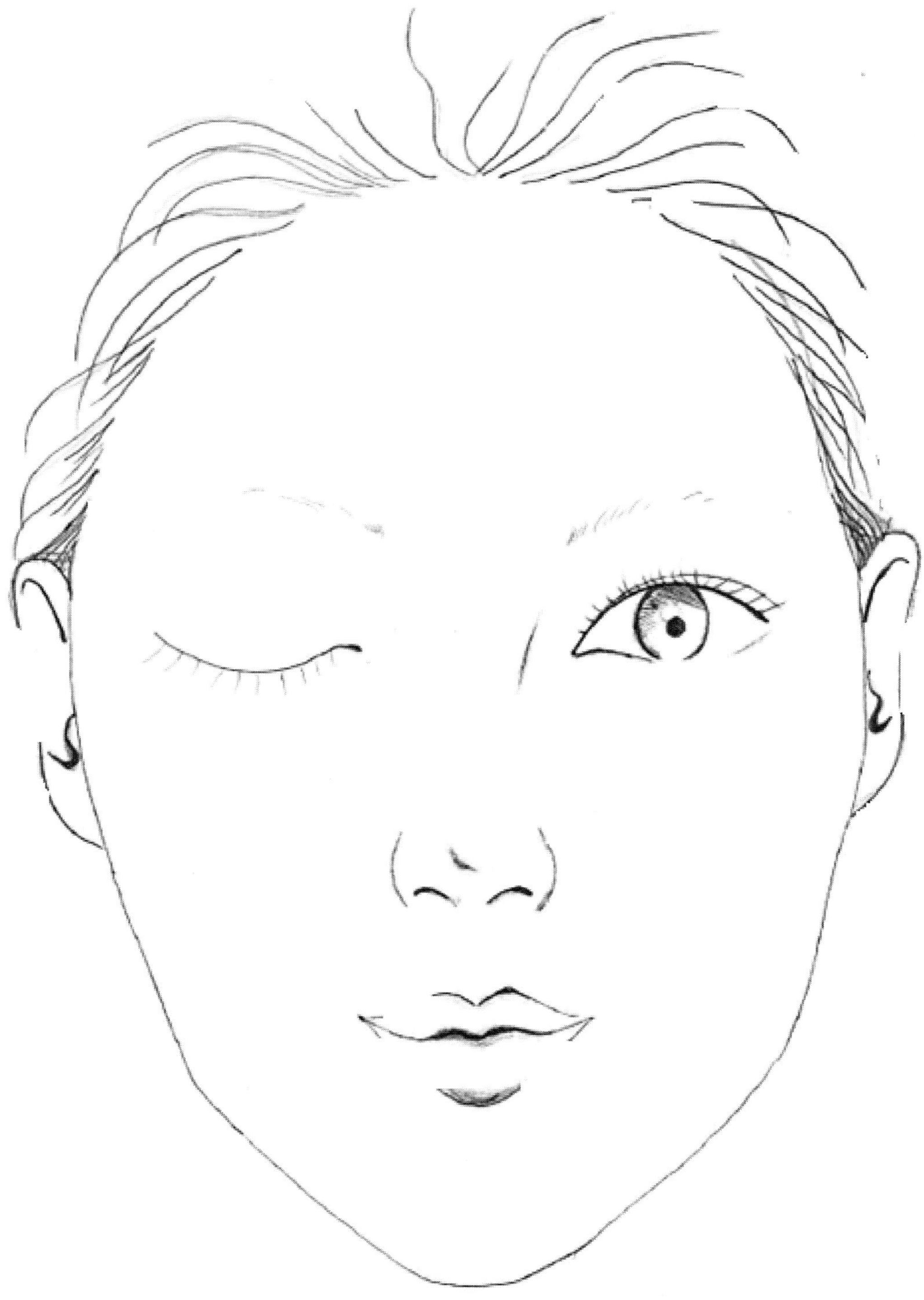

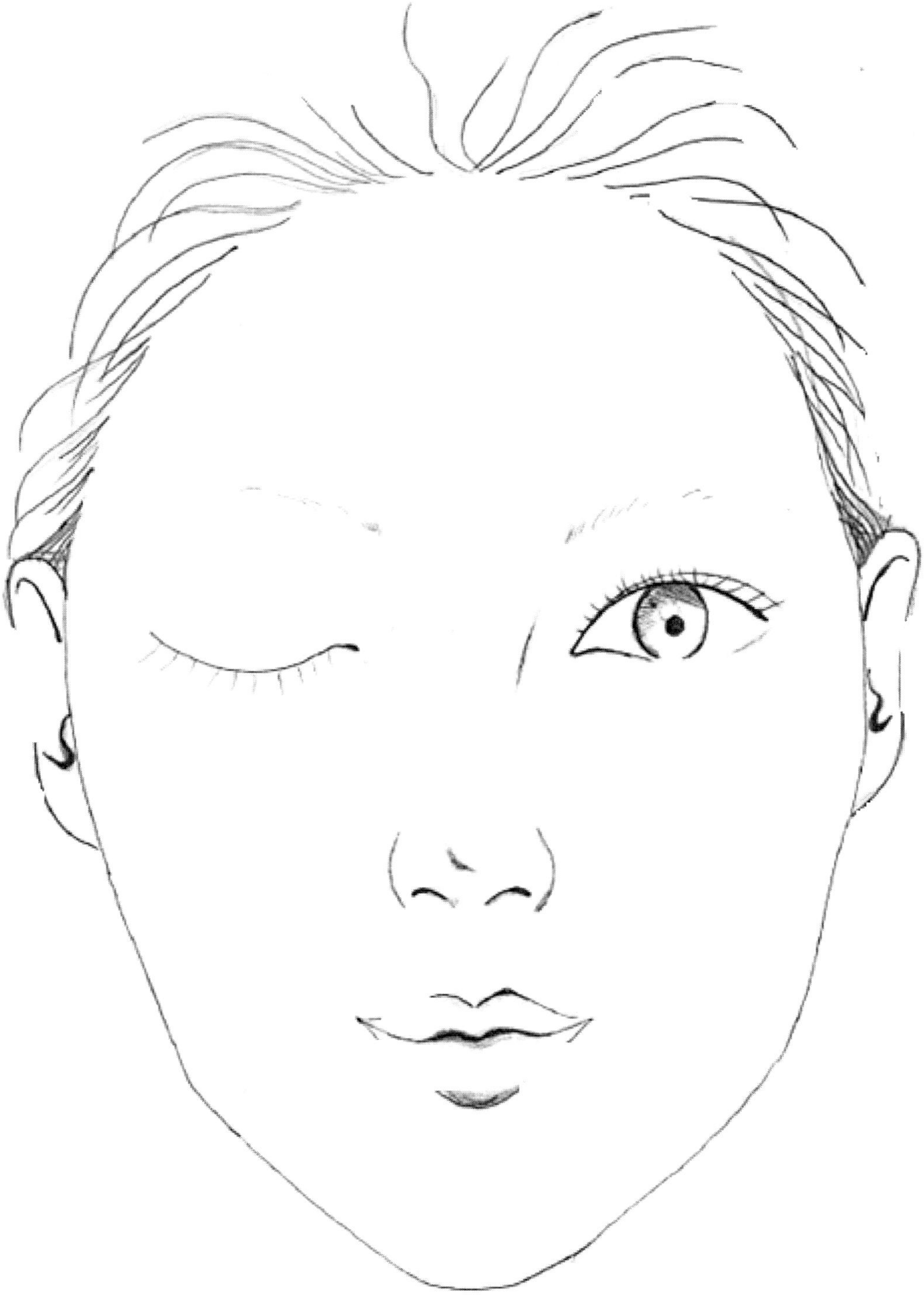

③ 아이라이너(eyeliner)

(1) 기능

① 눈매를 선명하게 보이게 한다.
② 사용하는 컬러와 선의 굵기에 따라 이미지 변화가 가능하다.

(2) 종류

① **케이크 타입** : 물이나 미스트를 묻혀서 사용한다.
② **젤, 크림 타입** : 케이크 타입의 단점을 보완한 제품으로 발림이 부드럽고 지속력이 우수하다.
③ **펜슬 타입** : 사용이 간편하며 자연스럽게 표현된다. 잘 번지는 단점이 있다.
④ **리퀴드 타입** : 색상이 선명하고 섬세한 표현이 가능하나 광택으로 인해 인위적으로 보일 수 있다.

④ 마스카라(mascara)

마스카라 종류별 기능 조사

❺ 인조 속눈썹

한 줄 속눈썹

- 한 줄 속눈썹 부착하는 과정을 서술하세요.

낱개 속눈썹

- 낱개 속눈썹 부착하는 과정을 서술하세요.

❻ 립메이크업

(1) 입술 기본형

(2) 립 메이크업의 기능

① 입술의 형태를 수정·보완한다.
② 입술에 영양분을 공급하고 외부의 자극으로부터 입술을 보호한다.
③ 입술에 컬러를 주어 화사한 이미지를 연출하고, 음영을 주어 입체감을 부여한다.

(3) 입술선에 따른 느낌

직선 커브 (straight curve)	현대적인, 지적인, 도도한 이미지	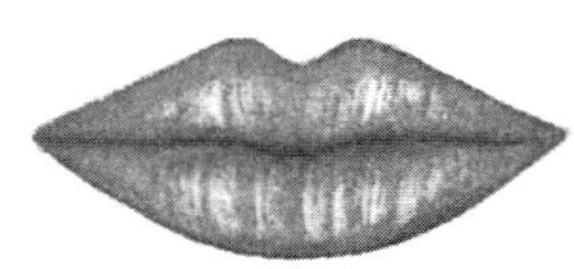
인커브 (in curve)	귀여운, 여성스러운, 밝고 젊은 이미지	
아웃커브 (out curve)	세련되고 섹시한 여성미, 관능적인 이미지	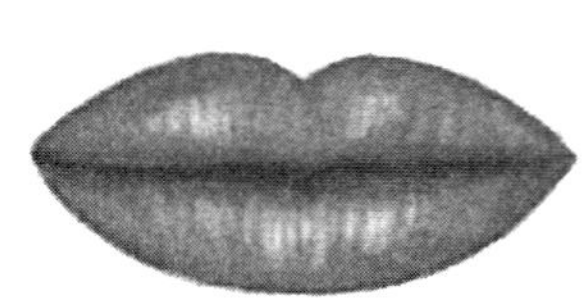

(4) 립 메이크업의 질감에 따른 이미지

매트(matt)	• 광택이 없어 차분하고 무게감 있는 이미지 연출에 적합하다. • 컬러 상태가 오래 지속되는 장점은 있으나 다른 제형에 비해 건조하다는 단점이 있다.	• 지적인 이미지 • 도도한 이미지
글로시(glossy)	• 투명하고 촉촉한 느낌 • 광택이 있어 입체감을 표현하기에 적합하다. • 컬러 상태의 지속력이 약하다.	• 맑은 이미지 • 귀여운 이미지 • 어린 이미지
크리미(creamy)	• 글로시와 쉬머의 중간 질감으로 광택이 부드럽게 느껴지는 정도	• 자연스러운 이미지
쉬머(shimmer)	• '빛을 받아 어른거리다' • 펄이 함유된 제품 • 윤기가 느껴지는 질감 표현	• MEMO

❼ 눈 모양에 따른 아이 메이크업

(1) 작은 눈 수정 메이크업

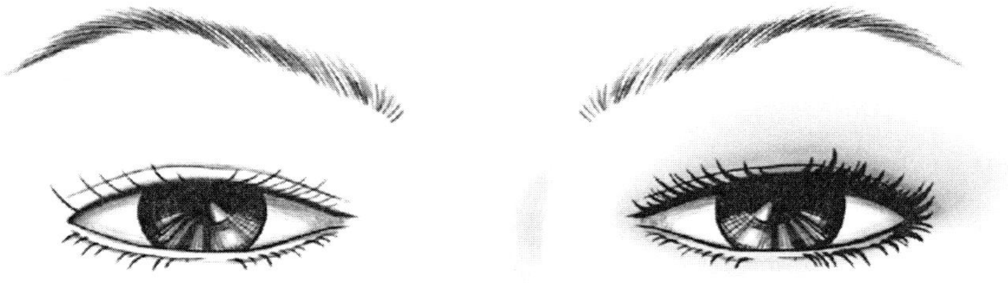

• 메인, 포인트 컬러를 같은 계열로 사용하고 눈 꼬리 부분에 길게 포인트 처리한다.

• 모델의 눈 길이보다 길게 그리되, 아이섀도보다는 길게 표현하지 않는다.

• 실제 눈 라인보다 크게 보이도록 아래 라인도 2/3 부위부터 자연스럽게 그려준다.

• 마스카라나 인조 속눈썹은 눈 중앙과 끝부분을 강조하여 사용한다.

◘ MEMO

(2) 처진 눈 수정 메이크업

- 아이섀도의 포인트 컬러는 언더라인 부위보다 위 눈꺼풀 부위에 강하게 처리한다. 아이섀도의 경계부위가 둥글거나 경계가 생기면 눈매가 더 처져 보일 수 있으므로 주의하여 그러데이션한다.
- 아이라이너는 눈앞머리 부분을 가늘게 눈매를 따라서 그리고 눈매가 처지기 시작한 부위부터는 수평 또는 위쪽을 향해 그려주되, 눈을 뜬 상태에서 눈 모양을 잡아주며 처리한다.
- 마스카라와 인조 속눈썹은 되도록 강하지 않게 표현한다. 인조 속눈썹은 눈 끝 부위로 갈수록 실제 아이라인보다 위쪽으로 향하게 부착하여 눈매를 수정한다.

◘ MEMO

(3) 올라간 눈 수정 메이크업

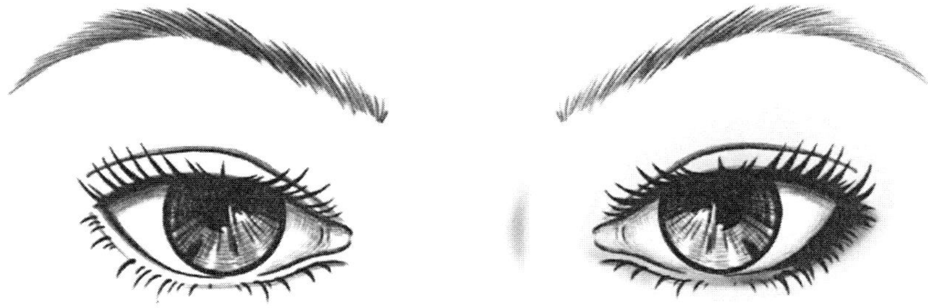

- 전체적으로 부드러운 이미지로 표현한다.
- 아치형이나 상승형의 눈썹 형태는 피한다.
- 아이섀도는 위 눈꺼풀은 옅은 컬러로 표현해주고 언더라인의 아이섀도는 끝부분을 강조하여 넓게 펴 바른다.
- 눈의 앞머리와 중앙 부위를 두껍게 그려주고 끝부분은 가볍게 그려준다.
- 마스카라와 인조 속눈썹을 이용하여 눈의 중앙에 가장 길고 강하게 포인트를 표현한다.

◘ MEMO

(4) 돌출된 눈 수정 메이크업

밝은 컬러의 아이섀도나 펄감이 함유된 아이섀도는 피한다.

- 눈이 크고 눈동자가 돌출된 경우
- MEMO

- 눈두덩이의 지방이 많아 돌출된 경우
- MEMO

(5) 움푹 들어간 눈 수정 메이크업

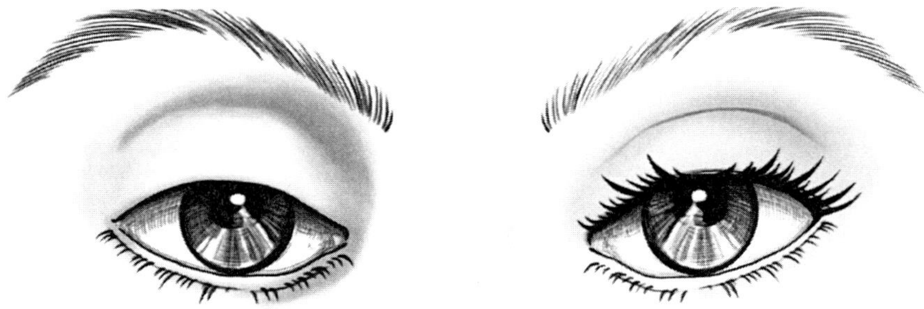

- 아이홀 부위가 들어간 눈 형태
- 일자형 또는 기본형 눈썹을 회색, 브라운 컬러를 이용하여 연하게 그려준다.
- 어둡고 짙은 아이섀도 컬러는 피하고 밝고 펄감이 있는 아이섀도를 사용하여 아이홀 부분에 넓게 펴 바른다.
- 눈 중앙을 강조하는 아이 메이크업은 피한다.

◑ MEMO

CHAPTER

04

내추럴 메이크업(natural make-up)

메이크업에 적용된 컬러와 눈썹, 입술 등의 모양과 함께 사용된 제품에 따라 전달되는 시각적인 질감은 완성된 메이크업의 전체 이미지를 결정하는 중요한 요인이다.

모이스춰(moisture)	피부에 수분이 촉촉히 유지된 상태
쉬어(sheer)	어린 아이의 피부와 같이 맑고 투명한 피부 상태
실키(silky)	고운 입자로 은은하게 윤이 나는 피부 상태
쉬머(shimmer)	펄이 함유된 제품의 빛 반사로 인해 윤기가 느껴지는 피부 상태
메탈릭(metallic)	금속처럼 딱딱하고 차가운 광택이 느껴지는 상태
매트(matt)	무광택의 보송보송한 상태

1 내추럴 메이크업- 브라운

베이스	• 기초 스킨케어를 정리 • 톤 업 크림과 같은 글로우 질감을 표현할 수 있는 메이크업베이스 처리 • 파운데이션 브러시에 스킨을 충분히 도포한 후, B.B크림(Blemish Balm)과 피부 톤의 파운데이션을 섞어 V존 위주로 표현 • 크리미한 컨실러 제품을 사용하여 다크스팟 등의 잡티 부위를 커버 • 피치 톤이나 아이 브라이트너를 사용하여 눈 주위를 환하게 표현 • 섀딩 컬러의 파운데이션을 이용하여 얼굴 윤곽 처리 • 헤어라인, 눈썹 등의 부위에 투명 파우더를 사용하여 기본 유분기만 제거
아이브로우	• 아이브로우 키트를 사용하여 기본 눈썹 모양을 만들어 줌 • 아이브로우 펜슬을 사용하여 눈썹 형태를 정리
아이 메이크업	• 베이지 컬러의 멀티 크림베이스를 사용하여 눈 주위에 음영을 표현 • 아이보리 아이섀도에 펄 피그먼트를 소량 섞어 하이라이트 처리 • 아이래시로 속눈썹에 볼륨을 준 후 마스카라 처리 • 갈색 젤라이너에 갈색 아이섀도를 섞어 눈 중앙부터 눈꼬리 부위에 아이라이너 처리 후 그러데이션을 시킴
치크 & 립	• 베이지, 피치 컬러의 크림 블러셔를 볼의 바깥쪽부터 안쪽으로 넓고 연하게 두드리듯 펴 바른다. • 입술 경계선을 컨실러를 사용하여 수정하고 입술 경계선이 생기지 않도록 브라운 립글로스로 자연스럽게 처리
기타	• 멀티 밤을 이용하여 얼굴의 하이라이트 부위에 유분기를 표현

메이크업 디자인 스케치

〈베이스

〈아이브로우

〈아이 메이크업

〈치크 & 립

〈기타

표현하고자 하는 메이크업의 참고 시안과 작품 완성 사진을 부착하세요.

CHAPTER

05

계절 메이크업(season make-up)

❶ 봄 메이크업(spring make-up)

베이스	• 기초 스킨케어를 정리한 후, 톤 업 크림과 메이크업 베이스를 적절히 혼합하여 윤기 있는 피부를 표현 • 브러시에 스킨을 충분히 도포한 후, 섀딩 컬러의 파운데이션을 이용하여 얼굴 윤곽 처리 • 피부 톤의 파운데이션을 브러시를 사용하여 V존 위주로 부드럽게 펴 바르고 스펀지를 사용하여 충분히 흡수시켜준다. • 윤기 있는 피부를 표현하기 위해 피치 또는 핑크 컬러의 리퀴드 타입 하이라이터 빔 제품을 볼 중앙에서부터 볼 바깥으로 가볍게 펴 바른다. • 컨실러를 사용하여 다크 스팟 등을 커버해 준다. • 헤어라인, 볼 치크, 눈썹 등의 부위에 핑크 파우더를 사용하여 기본 유분기 제거 • 피부 톤보다 한두 톤 어두운 섀딩 컬러를 사용하여 눈, 콧대, 콧볼 등의 주위 윤곽 처리
아이브로우	• 아이브로우 키트를 사용하여 기본 눈썹 모양을 만들어 줌 • 아이브로우 펜슬을 사용하여 눈썹 형태를 정리 • 아이브로우 마스카라를 사용하여 전체 눈썹 컬러 정리
아이 메이크업	• 하이라이트 : MEMO • 아이섀도 : MEMO • 진갈색의 아이라이너를 사용하여 점막을 꼼꼼히 채워주고 눈꼬리 부위의 아이라이너는 포인트 아이섀도 컬러를 사용하여 자연스럽게 그러데이션 시켜준다. • 아이래시 컬링 후 마스카라를 처리해주고 브라운 컬러 마스카라를 사용하여 포인트를 준다.
치크 & 립	• 케이크 타입의 피치 컬러 블러셔를 볼의 안쪽에서부터 바깥쪽으로 부드럽게 펴 바른다. • 입술 경계선이 생기지 않도록 립글로스를 입술 바깥 부위에 자연스럽게 처리한 후, 입술 안쪽에 모델의 피부색에 적합한 피치+핑크 립스틱을 바른다.
기타	• MEMO

메이크업 디자인 스케치

〈베이스

〈아이브로우

〈아이 메이크업

〈치크 & 립

〈기타

표현하고자 하는 메이크업의 참고 시안과 작품 완성 사진을 부착하세요.

❷ 여름 메이크업(summer make-up)

베이스	※ 투명 메이크업과 태닝 메이크업으로 콘셉트를 나누어 진행 • 기초 스킨케어를 정리한 후, • 가볍고 투명한 베이스 표현을 위해서 젤 타입이나 리퀴드 타입의 메이크업 베이스와 파운데이션을 사용하여 두껍지 않게 표현한다. • MEMO
아이브로우	• 아이브로우 키트를 사용해 자연스러운 형태의 눈썹을 그려줌 • 브라운 컬러의 아이브로우 펜슬을 사용하여 눈썹의 빈 곳을 살짝 메워주는 느낌으로 눈썹 형태를 완성 • 투명 마스카라로 마무리
아이 메이크업	• MEMO
치크 & 립	• MEMO
기타	• MEMO

메이크업 디자인 스케치

〈베이스

〈아이브로우

〈아이 메이크업

〈치크 & 립

〈기타

표현하고자 하는 메이크업의 참고 시안과 작품 완성 사진을 부착하세요.

❸ 가을 메이크업(autumn make-up)

베이스	• 기초 스킨케어를 정리한 후, • MEMO • MEMO • 좀 더 또렷한 윤곽 수정 효과를 위해서 섀딩 컬러의 루스 파우더를 사용하여 헤어라인을 정리해준다. • MEMO
아이브로우	• 아이브로우 키트를 사용하여 기본 눈썹 모양을 만들어 줌 • 아이브로우 펜슬을 사용하여 눈썹 형태를 정리 • 아이브로우 마스카라를 사용하여 전체 눈썹 컬러 정리
아이 메이크업	• 크림 타입(펜슬 타입)의 베이지색 아이섀도를 사용하여 눈두덩이, 눈 아래 부위에 음영 처리 • 진갈색 아이섀도 포인트 컬러로 눈꼬리 부위에 사선으로 처리하고 뒤쪽에서 안쪽으로 그러데이션 시킴 • 피그먼트가 함유된 아이보리 컬러의 아이섀도를 사용하여 눈앞머리의 위아래에 하이라이트 처리해준다. • 진갈색의 아이라이너를 사용하여 점막을 꼼꼼히 채워주고 눈꼬리 부위의 아이라이너는 포인트 아이섀도 컬러를 사용하여 자연스럽게 그러데이션 시켜준다. 밝은 황갈색의 피그먼트를 사용하여 위아래의 하이라이트와 포인트 아이섀도를 그러데이션시켜준다. • 아이래시 컬링 후 마스카라를 처리해주고 속눈썹을 부착시킨다.
치크 & 립	• 펄이 함유된 브라운 컬러의 블러셔를 볼의 광대 위 부위를 중심으로 사선 처리해준다. • MEMO
기타	• MEMO

메이크업 디자인 스케치

〈베이스

〈아이브로우

〈아이 메이크업

〈치크 & 립

〈기타

표현하고자 하는 메이크업의 참고 시안과 작품 완성 사진을 부착하세요.

④ 겨울 메이크업(winter make-up)

베이스	• 기초 스킨케어를 정리한 후, • 피부의 결점을 커버하고 피부 윤기를 살려 피부 톤을 표현하고 음영 처리해준다. • 파우더 처리 후, 노즈 섀딩, 페이스 라인에 자연스러운 음영을 주어 입체감을 살려준다. • 피치 컬러와 브론즈 컬러의 블러셔를 믹스하여 얼굴 외곽에서 볼 안쪽으로 부드럽게 처리하여 세련된 느낌의 혈색을 표현한다.
아이브로우	• 다크브라운 컬러로 도톰한 눈썹 형태를 표현하고 투명 마스카라로 눈썹 결을 살려준다. • MEMO
아이 메이크업	• 붉은 기가 가미된 밝은 브라운 크림 아이섀도를 사용하여 눈두덩이와 언더라인에 음영을 주고 같은 컬러의 아이섀도를 덧발라 발색력과 밀착력을 높여준다. • 펄이 가미된 와인 컬러와 다크브라운 컬러의 아이섀도를 섞어 눈앞머리와 끝부분을 닫아주듯이 음영을 주며 펴 바른다. • 펄감이 풍부한 골드베이지 컬러의 아이섀도를 사용하여 눈앞머리 부위에 하이라이트를 준다. • 다크브라운 아이섀도를 사용하여 눈매를 따라 포인트 처리하고 언더라인에도 연결하여 깊은 눈매를 표현해준다. • 블랙 젤아이라이너를 사용하여 또렷한 눈매를 연출한다. • 바이올렛 컬러의 젤 아이라이너를 사용하여 눈꼬리 부위에 포인트를 준다.
치크 & 립	• 모델 이미지에 맞게 버건디 컬러나 레드 컬러의 립스틱으로 표현한다. • 피치 컬러와 브론즈 컬러의 블러셔를 믹스하여 얼굴 외곽에서 볼 안쪽으로 부드럽게 처리하여 세련된 느낌의 혈색을 표현한다.
기타	• MEMO

메이크업 디자인 스케치

〈베이스

〈아이브로우

〈아이 메이크업

〈치크 & 립

〈기타

표현하고자 하는 메이크업의 참고 시안과 작품 완성 사진을 부착하세요.

CHAPTER

06

남성 메이크업

베이스	• 메이크업 베이스는 수분감을 유지할 수 있는 타입을 선택하여 사용하되, 피부의 상태를 고려하여(피지 조절 기능, 피부 톤 조정, 요철 커버 등) 선택한다. • 잡티 커버를 위한 컨실러는 메이크업 베이스 도포 이후 사용하고, 그 다음 파운데이션을 바른다. • 얼굴색보다 밝은 색은 사용하지 않으며, 남성의 자연스런 피부를 효과적으로 표현하기 위해서 투명 파우더를 사용한다. • 윤곽 수정을 위해 사용되는 하이라이트, 섀딩 파우더는 피부 톤을 고려하여 너무 차이나지 않도록 한다.
아이브로우	• 남성의 눈썹은 이미지 형성에 크게 영향을 미친다. • 주로 회갈색, 회색, 진브라운, 검은색으로 표현 • 눈썹이 눈 길이보다 짧지 않도록 하고 눈썹의 형태는 기다란 사다리꼴 형태로 눈썹 아래 라인은 처지지 않고 수평이 되도록 정리한다. • 눈썹을 한올한올 살려서 스치듯이 결을 살려서, 위에서 아래로 세로 방향으로 그려준다.
아이 메이크업	• 피부 톤보다 한두 톤 어두운 브라운 컬러의 아이섀도를 사용하여 컬러가 지나치게 부각되지 않도록 하고 음영으로 인한 입체감을 표현한다. • 아이라인은 라이너 붓에 진밤색의 아이섀도나 젤라이너를 묻혀 아이라인을 따라 스치듯이 그려준다.
치크 & 립	• 입술보호제를 면봉에 묻혀 입술에 남은 메이크업 잔여물을 제거한다. • 입술산과 입술 아래 라인에 옅은 펜슬이나 매트한 타입의 아이섀도를 사용하여 각을 살려준다. • 광택이 없는 브라운 컬러나 투명 립스틱을 사용하여 그려준 라인을 덮어 발라준다.
기타	• MEMO

남성 눈썹 테크닉 실습

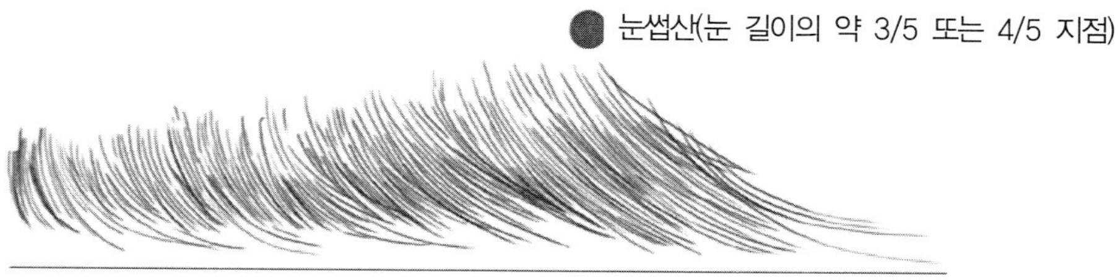

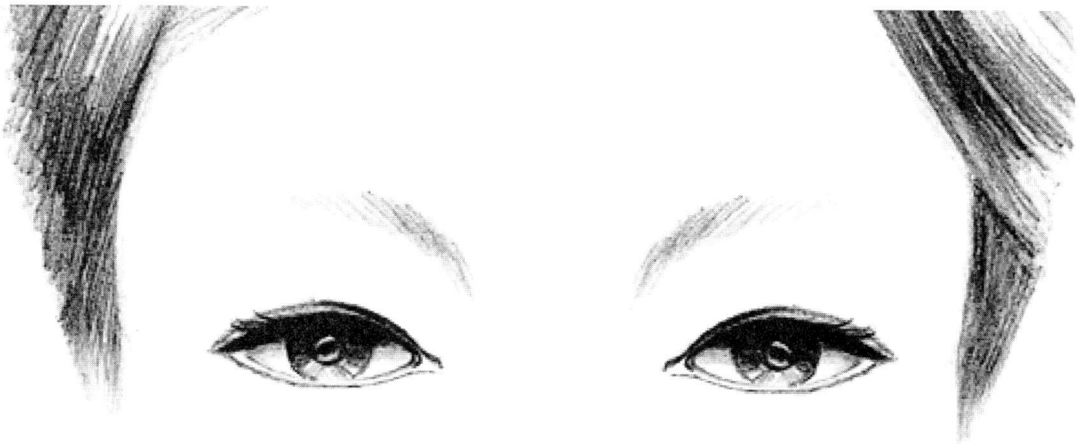

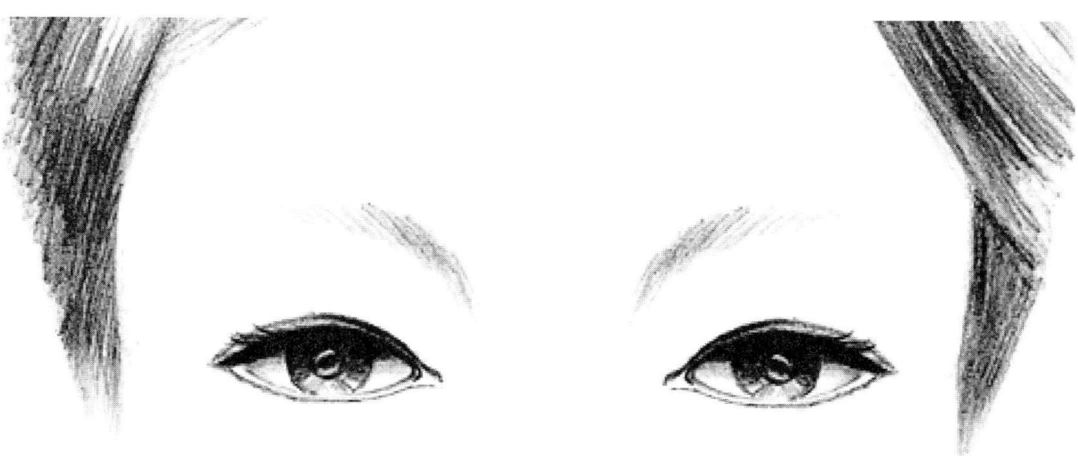

피부표현

눈 화장

볼터치 & 윤곽

입술

기타

표현하고자 하는 메이크업의 참고 시안과 작품 완성 사진을 부착하세요.

CHAPTER

07

트렌드 메이크업(trend make-up)

베이스	• 기초 스킨케어를 정리한 후, • 수분감이 풍부한 리퀴드 타입이나 크림 타입의 파운데이션을 사용하여 촉촉하고 밝은 피부를 표현 • 매트한 피부를 표현하기 위해서 펄감 없는 투명 파우더를 브러시에 묻혀 유분기를 제거 • 브론징 섀딩파우더를 사용하여 광대뼈를 감싸듯이 음영을 처리하고 헤어라인 정리
아이브로우	• 성숙하고 이지적인 이미지를 연출하고자 조금 긴 형태의 아치형 눈썹을 표현하거나 평소보다 진하고 각지게 그려주고 눈썹 앞머리 부위는 투명 마스카라나 브라운 마스카라를 사용하여 눈썹 결을 살려 정리해준다. •
아이 메이크업	• 아이 프라이머, 크림베이스 등의 아이 베이스를 눈두덩이에 골고루 발라 아이섀도의 밀착력을 높여준다. • 매트한 그레이나 브라운 컬러의 아이섀도를 눈두덩이와 언더라인에 가볍게 발라 눈매의 음영을 만들어 준다. • 블랙 컬러의 펜슬 아이라이너를 사용하여 위아래 점막을 꼼꼼히 채워주고 다크네이비 컬러의 아이섀도를 이용하여 눈매를 길게 연출한다. • 눈앞머리와 눈꼬리 부위는 넓고 강하게 표현하고 눈 중앙 부위는 다소 좁게 표현한다. • 블랙 젤아이라이너를 사용하여 눈꼬리를 살짝 빼주어 눈매를 더욱 선명하게 표현해준다. 매트한 블랙 아이섀도로 젤라이너의 경계를 풀어주어 아이 메이크업의 지속력을 높여주고 눈매에 깊이감을 준다. • 눈앞머리 위·아래 부위에 베이지 컬러의 크림 아이섀도로 하이라이트 처리 후, 연핑크 컬러의 피크먼트를 눈 중앙과 언더라인에 바른다. • 아이래쉬-마스카라 처리 후 인조 속눈썹(한줄 속눈썹 끊어심기, 한올한올 낱개 속눈썹)을 부착한다.
치크 & 립	• 입술 경계선을 컨실러를 사용하여 정리한 후 파우더를 발라준다. • 누드 베이지 컬러를 입술 전체에 펴 바르고 입술 안쪽에 피치 컬러의 립스틱을 바른 후 자연스럽게 그러데이션 시켜준다. • 펄이 가미된 브라운 컬러의 블러셔를 광대뼈 주위와 얼굴 외곽 부위에 음영 처리한 후 피치컬러 블러셔를 이용하여 광대뼈 주위에 혈색을 표현한다.
기타	

메이크업 디자인 스케치

〈베이스

〈아이브로우

〈아이 메이크업

〈치크 & 립

〈기타

표현하고자 하는 메이크업의 참고 시안과 작품 완성 사진을 부착하세요.

CHAPTER

08

베이직 메이크업 디자인계획서 -TEST 1

작품 콘셉트	
메이크업 콘셉트	
사전 체크사항 및 준비물	
모델 특징	
기타	

표현하고자 하는 메이크업의 참고 시안과 작품 완성 사진을 부착하세요.

베이직 메이크업 디자인 스케치

〈베이스

〈아이브로우

〈아이 메이크업

〈치크 & 립

〈기타

작품 사진1

작품 사진2

CHAPTER
09

베이직 메이크업 디자인계획서 -TEST 2

작품 콘셉트	
메이크업 콘셉트	
사전 체크사항 및 준비물	
모델 특징	
기타	

표현하고자 하는 메이크업의 참고 시안과 작품 완성 사진을 부착하세요.

베이직 메이크업 디자인 스케치

〈베이스

〈아이브로우

〈아이 메이크업

〈치크 & 립

〈기타

작품 사진1

작품 사진2

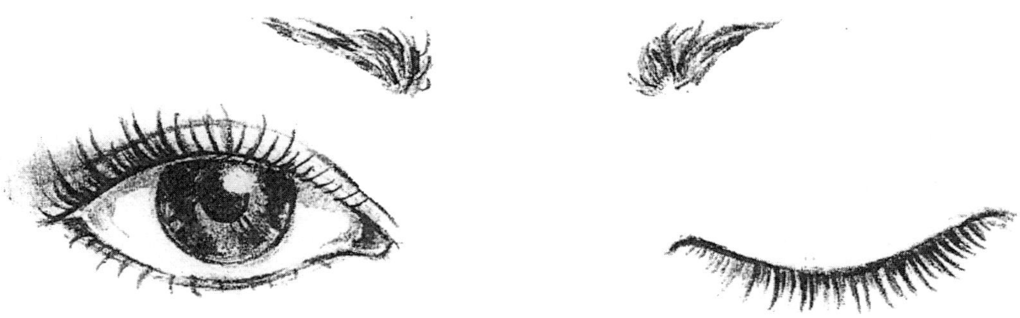

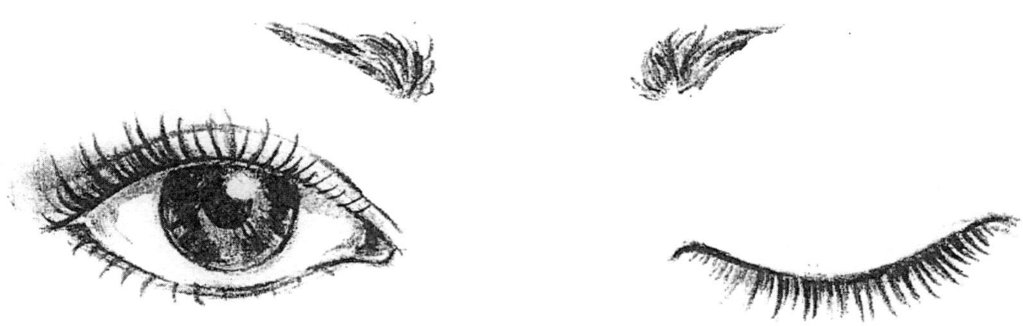

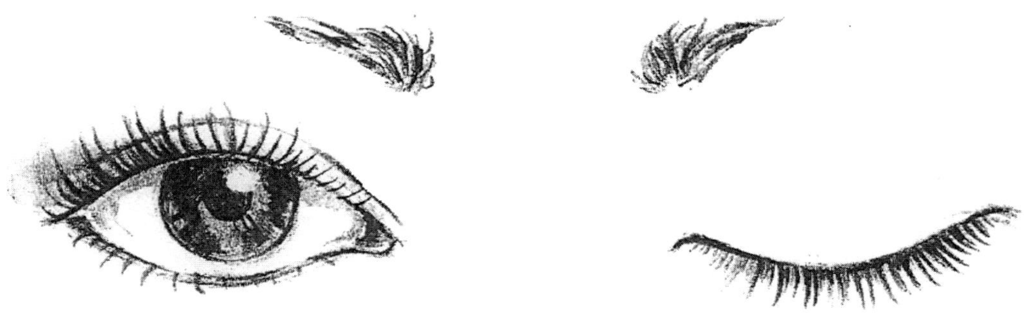

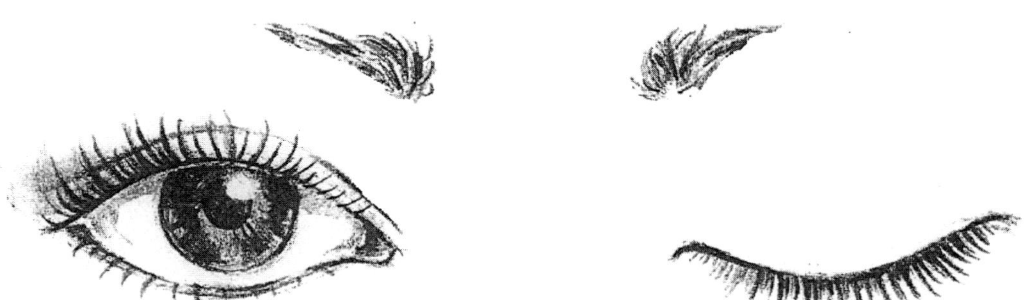

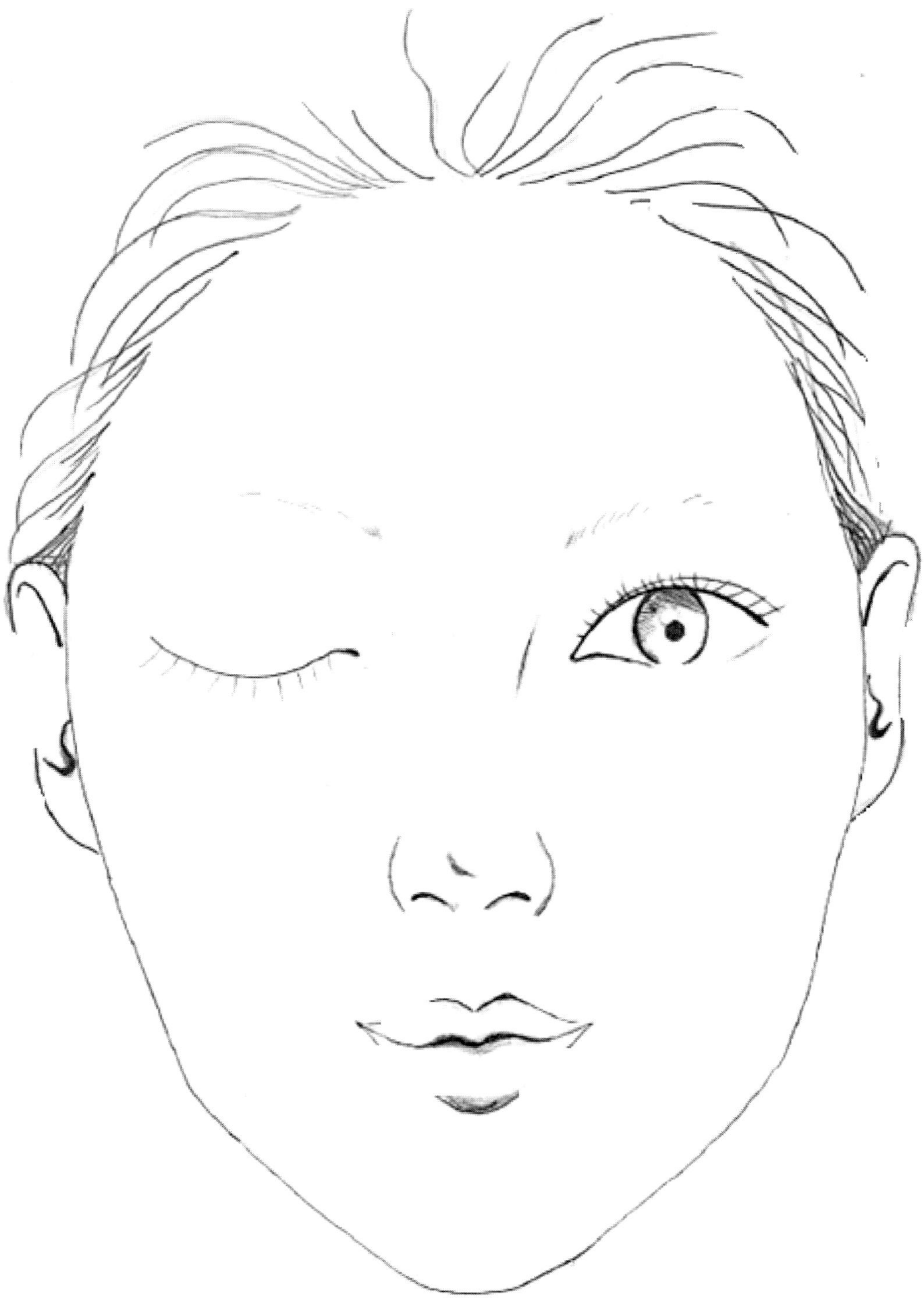

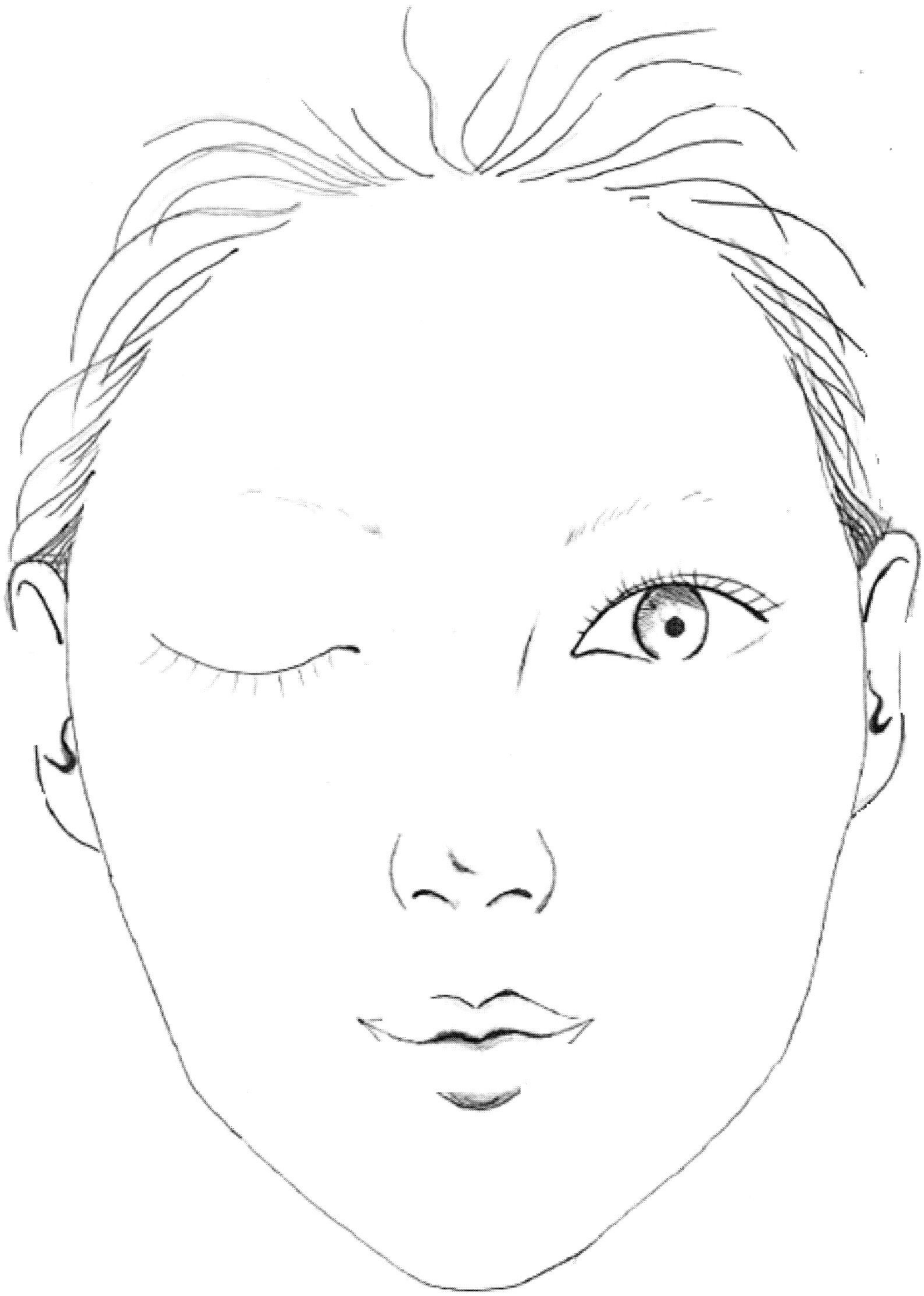

베이직 메이크업 마스터 북
[BASIC MAKE-UP MASTER BOOK]

2018년 8월 1일 초판 인쇄
2018년 8월 6일 초판 발행
2020년 9월 2일 초판 2쇄 발행
2023년 8월 31일 초판 3쇄 발행
2025년 2월 28일 개정 1판 발행

저 자 이선경, 이정민
발 행 인 조규백
발 행 처 도서출판 구민사
(07293) 서울특별시 영등포구 문래북로 116, 604호 (문래동3가 46, 트리플렉스)
전 화 02.701.7421~2
팩 스 02.3273.9642
홈페이지 www.kuhminsa.co.kr
신고번호 제2012-000055호(1980년 2월 4일)
I S B N 979-11-6875-504-8 13590
값 15,000원